Sani Bako Adamu
E.S. Salau
J.E. Cyril

Ograniczenia uczestnictwa młodzieży w przedsiębiorstwach rolniczych

Sani Bako Adamu
E.S. Salau
J.E. Cyril

Ograniczenia uczestnictwa młodzieży w przedsiębiorstwach rolniczych

w Centralnej Strefie Rolnej stanu Nasarawa, Nigeria

Wydawnictwo Bezkresy Wiedzy

Imprint
Any brand names and product names mentioned in this book are subject to trademark, brand or patent protection and are trademarks or registered trademarks of their respective holders. The use of brand names, product names, common names, trade names, product descriptions etc. even without a particular marking in this work is in no way to be construed to mean that such names may be regarded as unrestricted in respect of trademark and brand protection legislation and could thus be used by anyone.

Cover image: www.ingimage.com

Publisher:
Wydawnictwo Bezkresy Wiedzy
is a trademark of
International Book Market Service Ltd., member of OmniScriptum Publishing Group
17 Meldrum Street, Beau Bassin 71504, Mauritius

Printed at: see last page
ISBN: 978-620-2-44622-8

OGRANICZENIA W UCZESTNICTWIE MŁODZIEŻY W GOSPODARSTWACH ROLNYCH W CENTRALNEJ STREFIE ROLNEJ PAŃSTWA NASARAWA, NIGERIA

[1S].A. BAKO; [1E].S. SALAU i [2J].E. CYRIL

1. Nasarawa State University Keffi, Wydział Rolnictwa, Shabu-Lafia Campus.

2. Akwa Ibom State Agency for Community and Social Development Programme, Uyo

sanibakoadamu@gmail.com

Streszczenie

W badaniu zbadano ograniczenia uczestnictwa młodzieży w gospodarstwach rolnych w Centralnej Strefie Rolnej stanu Nasarawa w Nigerii. Celem ogólnym było zbadanie czynników ograniczających uczestnictwo młodzieży w gospodarstwach rolnych na badanym obszarze. Wieloetapową procedurę pobierania próbek wykorzystano do pobrania 120 młodych ludzi jako próbki badawczej. Kwestionariusz został wykorzystany do uzyskania informacji od respondentów. Dane analizowano za pomocą statystyk opisowych, takich jak procent, średnia ocena i ranking. Wyniki wskazują, że większość (60,8%) respondentów stanowili mężczyźni; większość (94,2%) była w wieku 21-40 lat; średni wiek respondentów wynosił 30 lat. Większość z nich (85,8%) posiadała jeden lub drugi poziom wykształcenia formalnego. Ich średni rok doświadczenia rolniczego wynosił 11 lat. Średnia wielkość gospodarstwa rolnego respondentów wynosiła 5 ha, a średni roczny dochód N402, 250,00. Dominującymi gospodarstwami rolnymi podejmowanymi przez respondentów *były: uprawa zbóż, hodowla zwierząt gospodarskich, przetwórstwo produktów rolnych i marketing. Większość (85,5%) respondentów zaangażowana była poprzez posiadanie własnego gospodarstwa rolnego (własnych gospodarstw rolnych), natomiast 16,5% respondentów zaangażowanych było w pomoc rodzicom. Prognozodawcami istotnie i pozytywnie związanymi z uczestnictwem młodzieży w przedsiębiorstwach rolniczych były wiek ($\beta=0{,}396$, $p=0{,}012$), doświadczenie zawodowe ($\beta=0{,}497$, $p=0{,}014$) oraz dochód roczny ($\boldsymbol{\beta}\mathbf{=1}{,}567$, $p=0{,}001$). Głównymi ograniczeniami utrudniającymi uczestnictwo młodzieży w przedsiębiorstwach rolnych były nieodpowiedni kapitał (86,7 %), nieodpowiednie instrumenty kredytowe (70,0 %) oraz wysokie koszty środków produkcji rolnej (65,8 %). Zalecono, aby instrumenty kredytowe dla rolników były bardziej elastyczne dla młodych ludzi, którzy chcą wejść do gospodarstw rolnych.*

ROZDZIAŁ 1.

INTRODUKCJA

Kontekst badania

Rolnictwo pozostaje podstawą ograniczania ubóstwa i wzrostu gospodarczego w XXI wieku (Bank Światowy, 2008 r.). W sprawozdaniu stwierdza się ponadto, że 75% ubogich ludzi na świecie pochodzi z obszarów wiejskich i większość z nich zajmuje się rolnictwem, działalnością, która wymaga utrzymania, zwłaszcza przez młodzież, która jest liderem jutra. W Nigerii rolnictwo zapewnia około 40% produktu krajowego brutto (PKB), a także zatrudnienie i dochody dla 70% ludności wiejskiej (Olarenwaju, 2010). W szczególności rolnictwo zapewnia żywność dla ludzi, surowce dla przemysłu i wymianę walutową dla kraju.

Młodzież została różnie zdefiniowana przez różnych autorów na całym świecie. Okogun (2004) zadeklarował, że "okres młodzieńczy" to czas, w którym siła i atrybuty człowieka rozwijają się z największym potencjałem. Jest to okres, w którym intelekt człowieka znajduje się na najwyższym poziomie. W Nigerii młodzież określana jest jako każda osoba w wieku od 18 do 35 lat, która stanowi 80 procent ogółu ludności i stanowi około 76 procent rolniczej siły roboczej (Narodowa Polityka Rozwoju Młodzieży (NYDP, 2009). W Ghanie, Krajowa polityka młodzieżowa (2010 r.) ocenia młodzież na 15-35 lat. W Senegalu, w liście w sprawie polityki na rzecz rozwoju młodzieży (LPDSJ, 2004 r.) określa się ją na 15-35 lat. Krajowa polityka młodzieżowa Kenii (2002) ma przedział 15-35 lat, podczas gdy Kenijski Fundusz Rozwoju Przedsiębiorczości Młodzieżowej (2011) określa przedział wiekowy dla młodzieży na 18-35 lat. Do celów niniejszego opracowania przyjęta zostanie definicja młodzieży w ramach krajowej polityki rozwoju młodzieży Nigerii.

Uzależnienie rolnictwa od produkcji żywności i bezpieczeństwa żywnościowego na poziomie krajowym, regionalnym i globalnym zależy od siły produkcyjnej młodzieży. Młodzież ma do odegrania istotną rolę w gospodarstwach rolnych i rozwoju obszarów wiejskich" (Odhiambo, 2012 r.) Młodzież jest ważnym źródłem siły roboczej dla rozwoju i stanowi bardzo znaczącą siłę roboczą w społecznościach wiejskich (Ekong, 2003; Ommani, 2011 r.). Jest to szczególnie prawdziwe, biorąc pod uwagę fakt, że ponad 95 procent upraw i produktów zwierzęcych w większości społeczności afrykańskich pochodzi od rolników. Młode pokolenie, które w najbliższych latach ma wzrosnąć w zakresie produkcji żywności i bezpieczeństwa żywnościowego (Proctor i Lucchese, 2012). Umeh i Odom (2011) twierdzą, że wkład rolnictwa w dochody rolników i rozwój obszarów wiejskich zależy od aktywnego uczestnictwa młodzieży będącej potencjalną siłą roboczą. Charakteryzują się innowacyjnym zachowaniem, minimalną niechęcią do ryzyka, mniejszym strachem przed porażką, mniejszą konserwatywnością, większą siłą fizyczną i większą skłonnością do zdobywania wiedzy.

Według Muthee (2010 r.) młodzież nie jest w dużym stopniu zaangażowana w przedsiębiorstwa rolne ze względu na fakt, że rolnictwo jako wybór kariery zawodowej jest obarczone błędnymi wyobrażeniami oraz brakiem informacji i świadomości. Wynika to głównie z niekonkurencyjnych płac, aspektów fizycznych związanych z pracą w sektorze oraz braku świadomości tego, co mają do zaoferowania kariery w sektorze rolnym. Muthee (2010) poinformował ponadto, że pojawienie się przemysłu naftowego jako głównej waluty obcej w połączeniu z innymi ograniczeniami społeczno-gospodarczymi spowodowało, że młodzież nie uczestniczy aktywnie w przedsiębiorstwach rolniczych. Większość młodych ludzi w Nigerii wolałaby pracować w firmie naftowej niż w gospodarstwie rolnym, które jest uważane za pracę brudną i nienagradzającą.

W Ugandzie, badanie przeprowadzone przez Gemma *et al.*, (2013) wykazało, że młodzież wycofuje się z rolnictwa w wyższym tempie niż starsza kohorta. Zmiana ta jest bardziej widoczna wśród wykształconej młodzieży, która migruje do ośrodków miejskich w poszukiwaniu pracy. Z badania wynika ponadto, że niższy odsetek młodzieży korzysta z lepszych nakładów i ten słaby wskaźnik przyjęcia odpowiednich nakładów, wydajność prawdopodobnie pozostanie na niskim poziomie, co doprowadzi do rozpoczęcia działalności rolniczej na własne potrzeby.

Ogólnie rzecz biorąc, młodzież z terenów wiejskich stoi przed kilkoma wyzwaniami związanymi z zapewnieniem środków do życia. W rezultacie często wolą oni migrować do obszarów miejskich, nie dbając o rodzaj czy jakość, ale podejmując niskopłatną pracę. Ostatnio, odpoczynek młodzieży w stanie Nasarawa stał się istotną kwestią przemocy wspólnotowej i bezprawia, która doprowadziła do utraty życia i mienia wartego miliony Naira. Sytuacja ta dotknęła przedsiębiorstwa rolne, ponieważ niektórzy młodzi ludzie, którzy są aktywną siłą roboczą, zostali zabici w wyniku przemocy. Przewiduje się, że odpoczynek młodzieży jest motywowany politycznie, społecznie i religijnie i istnieje od dawna w większości części świata. Zachęcanie młodzieży do większego udziału w przedsiębiorstwach produkcyjnych w rolnictwie pomoże w walce z powszechnym bezrobociem w państwie, ograniczając tym samym odpoczynek młodzieży i inne wady społeczne.

Gospodarstwa rolne odnoszą się do rolnictwa na małą skalę i innych działań rolno-biznesowych, w których może uczestniczyć młodzież w celu zarabiania na życie i doskonalenia sektora rolnego. Gospodarstwa rolne obejmują: uprawę roślin, hodowlę zwierząt, hodowlę ryb, obrót produktami rolnymi, usługi pracy w gospodarstwie rolnym, usługi w zakresie zatrudniania pracowników, produkcję paszy, przetwórstwo produktów rolnych, produkcję ogrodniczą, produkcję drobiu, produkcję uli pszczelich, hodowlę pszczół do produkcji miodu, sprzedaż środków agrochemicznych między innymi. Według Afande *et al.*, (2015), przedsiębiorstwo rolne jest projektem, przedsiębiorstwem lub spółką podjętą przez rząd lub podmiot prywatny poprzez skupienie się na działalności rolniczej, takiej jak przedsiębiorstwa zajmujące się uprawą roślin, przedsiębiorstwa zajmujące się hodowlą zwierząt gospodarskich, jak również przedsiębiorstwa nabywające umiejętności mające na celu poprawę jakości życia ludzi poprzez dostarczanie żywności i surowców dla przemysłu. Gospodarstwo rolne integruje zasady zarządzania przedsiębiorstwem z wiedzą techniczną na temat wyzwań związanych z zarządzaniem w sektorze rolnym, od faktycznej produkcji do akceptacji konsumentów.

Udział młodzieży w przedsiębiorstwach rolniczych został opisany jako bardzo ważna struktura dla reformy rolnej i rolniczej, jak również dla agrobiznesu, która w znacznym stopniu przyczyni się do promowania zainteresowania sektora rolnego gospodarki i pomoże młodzieży żyć ponad poziomem ubóstwa (Gwanya, 2008). Młodzież jest elementem silnego rozwoju rolnictwa (Jibowo, 2005).

Afande *et al.*, (2015) opowiedzieli się za tym, że biorąc pod uwagę ogromną populację młodych ludzi, ich głównie wiejskie położenie oraz fakt, że większość młodzieży jest bezrobotna lub bezrobotna, imperatyw zrównoważonego angażowania ich w przedsiębiorstwa rolne staje się łatwy do zrozumienia. Należy jednak podkreślić, że wizja nie polega na tym, by młodzi ludzie wracali do metod gospodarowania swoich rodziców i dziadków, lecz raczej na nowym nacisku na wartość przedsiębiorczości i "rolnictwa jako przedsiębiorstwa". Ten nowy nacisk ma wiele wymiarów, które obejmują cały łańcuch wartości w sektorze rolno-przemysłowym, od środków produkcji rolnej po produkcję i wreszcie konsumpcję. Młodzi ludzie na całym świecie są ważnymi i ważnymi segmentami społeczeństwa, w którym żyją. Dlatego zdyscyplinowana, skupiona i praworządna młodzież może stworzyć świetlaną przyszłość dla każdego narodu. Natomiast młodzież bez prawa, pobłażliwa i agresywna stanowi wielkie zagrożenie dla pokoju i bezpieczeństwa narodu.

Zatrudnienie młodzieży znajduje się zdecydowanie na liście priorytetów międzynarodowych. W 1995 r. Organizacja Narodów Zjednoczonych (ONZ) przyjęła *Światowy program działania na rzecz młodzieży do roku 2000 i później,* a znaczenie zatrudnienia młodzieży zostało uznane w 2000 r., kiedy to zostało włączone do pierwszego *milenijnego celu rozwoju* (MCR 1) "Wyeliminuj skrajne ubóstwo i głód", który obejmuje cel osiągnięcia "pełnego i produktywnego zatrudnienia oraz godnej pracy dla wszystkich, w tym kobiet i ludzi młodych" (cel 1.B). Jak wyraźnie podkreślił *panel wysokiego szczebla ds. agendy rozwoju na okres po 2015 r.,* bezrobocie i zatrudnienie młodzieży pozostają prawdopodobnie głównym światowym problemem związanym ze zrównoważonym rozwojem i zmianami klimatu (ONZ, 2013 r.).

W kategoriach względnych, wyzwanie związane z zatrudnianiem młodzieży dotyczy każdego regionu rozwiniętego, jak również krajów rozwijających się, co podkreślono w Raporcie o rozwoju światowym za 2013 r. w sprawie zatrudnienia (ONZ, 2013 r.). Ze względu na cechy charakterystyczne tendencji demograficznych Afryka jest regionem świata, w którym to wyzwanie jest i będzie coraz bardziej niepokojące: 60 % światowego wzrostu siły roboczej w latach 2010-2050 będzie w Afryce; 60 % ludności afrykańskiej nie przekroczyło 25 lat; młodzież afrykańska waży 35 % ludności aktywnej zawodowo; a w ciągu najbliższych 15 lat na rynek pracy kontynentu wejdzie prawie 400 mln młodych ludzi (Unia Afrykańska, 2006 r.).

Według Adejare i Arimi (2013), rolnictwo w Nigerii boryka się z różnymi problemami, które uniemożliwiają rozsądny rozwój i powodują upadek sektora rolnego. Spadek ten wynika z charakteru produkcji i problemów leżących u podstaw jej poprawy. Praca jest jednak najważniejszym wkładem w produkcję rolną, ponieważ wymagała ona prowadzenia działalności rolniczej, takiej jak oczyszczanie gruntów, orka, odchwaszczanie, nawożenie, stosowanie pestycydów, zbiory i inne rodzaje działalności rolniczej. Siła robocza w rolnictwie charakteryzuje się występowaniem osób w podeszłym wieku. Niestety młodzież, która ma je zastąpić, wycofuje się z działalności rolniczej ze względu na brak zachęt, niską produktywność i niskie zyski ekonomiczne związane z wykonywanym zawodem.

Według Kalu (2016), populacja młodzieży jest strategiczna w rolnictwie ze względu na poziom technologii stosowanej w produkcji rolnej w kraju. Ponadto należy zmienić słaby wizerunek rolników i ogólnie "rolnictwa" w Nigerii. Młodzi ludzie są idealnymi czynnikami takiej oczekiwanej zmiany, biorąc pod uwagę ich większą skłonność i gotowość do odkrywania nowych idei, koncepcji i technologii, które mają kluczowe znaczenie dla zmiany postrzegania i praktykowania rolnictwa w naszej dziedzinie. Obecnie działalność rolnicza jest prowadzona na małą skalę i wiąże się z wykorzystaniem mniej zaawansowanych technologii w Nigerii. Jest on pracochłonny, a zatem wymaga znacznej ilości ukrytej energii i zdolności rolników do realizacji większości działań sektorowych. W obliczu starzejącego się społeczeństwa rolniczego w kraju, młodzież stanowi najwłaściwszą grupę docelową, biorąc pod uwagę ogromną ilość energii, która jest w nich osadzona.

Onuk, E.G., Anzaku, T.A.K. i Luka, E.G. (2010). Wyzwania w produkcji ryżu w ramach programu "Młodzież w rolnictwie": Lekcje z zachodniej strefy rolnej Nasarawy i droga naprzód. Nasarawa State University, Keffi. *Publikacja Nasarawy Uniwersytet Stanowy, Keffi. www.patnsukjournal.net/currentissue.*

Oxford Advanced Learner's Dictionary. 6. edycja. P.387.

Preshstore, (2013): Poprawa produkcji rolnej poprzez spółdzielnie rolnicze. Odzyskane z *https://preshstore/sta w dniu 31.03.2017 r.*

Proctor F. J. & Lucchesi, V. (2012): Małe gospodarstwa rolne i młodzież w dobie szybkich zmian na wsi. IIED/HIVOS, Londyn/The Hague Putnam, R. D. (1993). Dobrze prosperująca społeczność: kapitał społeczny i życie publiczne, w perspektywie amerykańskiej, 4:13 Republika Kenii (2011). Dokument programowy Programu Wsparcia Rozwoju Sektora Rolnego (ASDSP), Drukarnie rządowe.

Salau, E.S, Saingbe, N.D. i Garba, M.N. (2013). Potrzeby małych gospodarstw rolnych w Centralnej Strefie Rolnej stanu Nasarawa w zakresie informacji o rolnictwie . *Journal of Agricultural Extension* Vol.17 (2). Odzyskane w dniu 27.07.2018 r. z **http://dx.doi.org/10.4314/jae.v17i2.15.**

Sule, E.K. (2007): Małe i średnie przedsiębiorstwa w Nigerii: Concept, Appraisal of Government Policies and Suggested solutions to identifiedproblems , Central Bank of Nigeria Economic and Financial review, 24(4)6-8.

Thomas, K.A. (2014). Warunki uczestnictwa w programie "Młodzież w rolnictwie" w stanie Ondo, Nigeria. *International Journal of Environment, Agriculture and Biotechnology* (IJEAB): Vol 1, No 4.

Tikare, S., Youssef, D., Donnelly-Roark, P. and Shah, P. (2001). Organizowanie procesów partycypacyjnych. *Dziennik Administracji Publicznej i Rozwoju* 23:212-216.

Torimiro, D.O, Kolawole, D.O i Okorie, V.O (2007): Szkolna młodzież z gospodarstw rolnych i wykorzystanie technologii informacyjno-komunikacyjnych : Analiza agendera w nigeryjskich społecznościach na Jorubie. Dziennik badań nad młodzieżą, tom 1(2).

Raport ONZ (2013).World Development Report on Jobs. Grupa Banku Światowego. Odzyskane 15/1/2018 r. z *econ.worldbank.org*.

Ugwoke, F. O., Adesope O. M. i ibe F. C. (2005).Udział młodzieży w działalności rolniczej na obszarach wiejskich stanu Imo, Nigeria: konsekwencje dla rozszerzenia: *Journal of Agricultural Extension* Vol. 8.

Umeh, G. N. & Odom, C. N., (2011): Role i ograniczenia stowarzyszeń młodzieżowych w zakresie rozwoju rolnictwa i obszarów wiejskich, publikacje IDOS, Nigeria

Organizacja Narodów Zjednoczonych (ONZ), (2012). Rola grup młodzieżowych w uczestnictwie młodzieży w działalności rolniczej, zaprezentowana na forum Organizacji Narodów Zjednoczonych podczas ceremonii zamknięcia międzynarodowego roku spółdzielczości, 20, 2012.2, nr wydania. 1.

Valerie, L. (2009): Młodzież w rolnictwie; wyzwania i szanse: obrady 30. zwyczajnego spotkania szefów rządów Karaibów.

Victor. C. U., Pyasi V. K i Pande A. K (2014). Czynniki wpływające na zaangażowanie młodzieży wiejskiej wiejskiej w dystrykcie Jabalpur w Madhya Pradesh, India Journal of Agricultural Extension Vol. 13 (1).

Bank Światowy, (2008). World Development Report 2008: Zastosowanie WDR World-Wide WDR. Młodzież w rolnictwie (2011): 15 powodów, dla których młodzież w Afryce nie lubi kariery w rolnictwie, grudzień 2011.

ZASTOSOWANIA

NASARAWA STATE UNIVERSITY, KEFFI, WYDZIAŁ ROLNICTWA, KAMPUS SHABU-LAFIA.

Niniejszy kwestionariusz ma na celu zebranie danych do ustalenia ograniczeń dla uczestnictwa młodzieży w przedsiębiorstwach rolniczych w Centralnej Strefie Rolnej stanu Nasarawa w Nigerii. Badanie to jest prowadzone w ramach częściowej realizacji nagrody magistra filozofii w zakresie rozszerzania działalności rolniczej. Twoja opinia jest więc potrzebna tylko do celów akademickich i będzie traktowana jako poufna.

1. Nazwisko.......................... ankietera 2. Numer kwestionariusza ....

3. Data wywiadu ....../........... /...... . 4. Wspólnota 5..................... LGA...........

5. Nazwisko respondenta .... 6. Telefon NIE............................. ...

SEKCJA A: Cechy społeczno-ekonomiczne respondentów

- Charakterystyka osobowości

1. Płeć respondenta Mężczyzny [ ] Kobieta [ ] Kobieta [ ]
2. Proszę podać wiek, w jakim się pan urodził na ostatnie urodziny..................
3. Stan cywilny: 1. Pojedynczy [ ] 2. Żonaty [ ] 3. Urządzenia [ ] 4. Wdowiec [ ]
4. Podaj swoją religię 1. Christian [ ] 2. Islam [ ] 3. Tradycyjne [ ] 4. Inni [ ]
5. Jaka jest liczba osób w Pana(i) gospodarstwie domowym? ....
6. Status edukacyjny: 1.Nieformalne [ ] 2. Primary sch [ ] 3. Wtórne sch [ ] 4. Dyplom/NCE [ ] 5. HND/Degree [ ] inne (określić) ....
7. Ile lat spędziłeś w szkole formalnej?..................................
8. Jaki jest twój główny zawód?..
9. Od jak dawna zajmujesz się rolnictwem? ....

10. Czy kiedykolwiek zebrałeś/aś kredyt na działalność agrobiznesową? Tak [ ] Nie [ ] Nie [ ]
11. Jeśli tak, proszę podać źródło: 1. Neigbours [ ] 2. Przyjaciele [ ] 3. Spółdzielnia [ ] 4. Bank [ ] 5. Wyprodukować nabywcę 6. Inne (określić).........................
12. Podać kwotę kredytu uzyskanego w ciągu ostatnich 2 lat (w nairze).................................
13. Do ilu grup/spółdzielni społecznych/spółdzielni należysz? Wspomnij o nich.................. ....
14. Czy ma Pan/Pani kontakt z pracownikami tymczasowymi? Tak [ ] Nie [ ] Nie [ ]
15. Jeśli tak, to ile razy w roku?.......................................
16. Czy któryś z twoich rodziców jest rolnikiem? Tak [ ] 0Nie [ ] 0Nie [ ]
17. Jesteś głową rodziny? Tak [ ] Nie [ ] Nie [ ]
18. Mieszkasz z rodzicami? Tak [ ] Nie [ ] Nie [ ]
19. Czy masz dostęp do gruntów pod działalność rolniczą? Tak [ ] Nie [ ] Nie [ ]
20. Jeśli tak, to w jaki sposób nabyłeś ziemię dla swojego przedsiębiorstwa (przedsiębiorstw)? 1. Gospodarstwo rolne na gruntach rodzinnych [ ] 2. Wynajęta ziemia [ ] 3. Gospodarstwo rolne na gruntach rządowych [ ] 4. Kałamarnica na lądzie [ ] 5. Zakup gruntów [ ] 6. Prezent [ ]
21. Jaka jest wielkość twojej ziemi (w ha')?....................
22. Jaki jest szacowany całkowity roczny dochód? N...
23. **Sekcja B**

Wybierz typy gospodarstw rolnych, w które jesteś zaangażowany, z poniższej tabeli i określ towary.

	Gospodarstwa rolne	Określone towary wyprodukowane
1	Produkcja roślinna	
2	Produkcja zwierzęca	
3	Hodowla ryb	
4	Produkcja ogrodnicza (sadzonki)	
5	Wprowadzanie do obrotu produktów rolnych	

6	Przetwórstwo rolnicze	
7	Wprowadzanie do obrotu środków produkcji rolnej	
8	Inne (proszę określić)	

SEKCJA C: Poziom uczestnictwa młodzieży w przedsiębiorstwach rolnych.

Podaj poziom uczestnictwa w każdym z poniższych gospodarstw rolnych (zaznaczyć odpowiednio).

S/no	Przedsiębiorstwa	Nigdy w to nie byłem zamieszany.	Zaangażowany, pomagając moim rodzicom.	Zaangażowany poprzez posiadanie mojego osobistego....
1	Produkcja roślinna			
2	Produkcja zwierzęca			
3	Hodowla ryb			
4	Produkcja ogrodnicza (sadzonki)			
5	Wprowadzanie do obrotu produktów rolnych			
6	Przetwórstwo rolnicze			
7	Wprowadzanie do obrotu środków produkcji rolnej			

SEKCJA D

Proszę podać powody swojego zaangażowania w działalność rolniczą. (Tick odpowiednio).

i. Z powodu braku białych kolorowych stanowisk pracy.

ii. Aby pomóc moim rodzicom, którzy są rolnikami.
iii. Aby dodać do moich źródeł dochodu
iv. W pełnym wymiarze czasu pracy.
v. Zapewnienie bezpieczeństwa żywnościowego rodziny
vi. Tak jak hobby z powodu dostępnej ziemi itp.
vii. Inne (określić)... .

SEKCJA E: Ograniczenia uczestnictwa młodzieży w gospodarstwach rolnych.

Jak poważne są poniższe czynniki, które uważają Państwo za przeszkodę w uczestnictwie w gospodarstwach rolnych? (Tick odpowiednio).

S/no	Możliwe ograniczenia	Bardzo poważne (3)	Poważne (2)	Niepoważne (1)
1	Niewystarczający kapitał na założenie przedsiębiorstwa (przedsiębiorstw)			
2	Niewystarczające umiejętności techniczne			
3	Brak dobrej infrastruktury fizycznej ułatwiającej transport produktów rolnych do sklepu.			
4	Brak urządzeń do przechowywania/przetwarzania danych			
5	Słabe ułatwienia/struktury marketingowe			
6	Słaby dostęp do kredytu			
7	Wysoka stopa procentowa			
8	Klęski żywiołowe, takie jak trzęsienie ziemi, powódź itp.			
9	Wysoki koszt środków produkcji rolnej, takich jak nawozy, pestycydy, nasiona itp.			
10	Wysokie podatki dochodowe nakładane przez rząd			

11	Nieefektywne świadczenie usług rozszerzenia/doradztwa			
12	Brak formalnego wykształcenia			
13	Złożoność innowacji			
14	Słaby dostęp do gruntów			
15	Niekorzystna polityka rządu			
16	Niewystarczające instrumenty kredytowe			
17	Słabe zyski z inwestycji			
18	Wysokie ryzyko związane z agrobiznesem			
19	Szkodniki i choroby			
20	Inne (proszę określić)......................			

Dziękuję za współpracę.

Bako Sani Adam

Spis treści

FSC
www.fsc.org
MIX
Papier | Fördert gute Waldnutzung
FSC® C083411

Kolibri 360 GmbH
Ferdinand-Jühlke-Straße 7
99095 Erfurt, Deutschland
produktsicherheit@kolibri360.de

Druck:
CPI Druckdienstleistungen GmbH
im Auftrag der
Kolibri 360 GmbH
Ferdinand-Jühlke-Str. 7
99095 Erfurt